ANA的空中巴士A380暱稱為「FLYING HONU」。HONU是夏威夷文海龜的意思，因此名為「飛行海龜」。共有３種顏色的飛機，照片中是以夏威夷「天空」為設計概念的ANA藍。

以夏威夷「大海」為概念的翡翠綠機體（上）。除此之外還有以夏威夷「夕陽」為概念的落日橘機體（左）。

2 空中巴士 A350-900

A350系列是空中巴士公司以A330為基礎開發的超大型客機,世界各地的航空公司正陸續引進中。特徵是機體的寬幅較大,主翼末端設有能降低空氣阻力的翼尖小翼(winglet),可以節省燃料。2019年9月啓用於日本航空(JAL)的羽田~福岡航線。

空中巴士A350-900的翼尖小翼。呈現末端翹起的獨特形狀(照片中為達美航空的飛機)。

 3

波音
787-10

波音787系列的最新機種。全長68.3公尺，是該系列當中最長的機體，比⑤的787-8長了11公尺以上。2019年4月用於ANA的成田～新加坡航線，7月開始用於ANA的成田～曼谷航線。

波音787-10駕駛艙的模樣。

 波音 787-9

波音787系列之一，該型號的機身比⑤的初代787-8稍微長一點。與787-8主要用於飛往美國、歐洲的長途國際航線或是亞洲的中程國際航線。

 波音 787-8

波音787系列的初代機種，有「夢幻客機」（Dreamliner）之稱。機體以輕盈又堅固的材料製成，相較於以往的飛機更能大幅節省燃料。ANA是全球首家引進的公司。

6　波音 767-300

日本航空是全球首家引進它作為中距離客機的公司。配有許多自動化系統，能夠以2名機組人員起航。日本航空和ANA兩家公司至今仍將它用於許多國內線。

7　波音 767-300ER

將新型引擎引進波音767-300，好儲存更多燃料以大幅提升續航距離的型號。ER（extended range）指的是延展航程。也有加裝了翼尖小翼而能節省燃料的機型。

**⑧ 波音
777-200**

波音777屬於廣體飛機（wide-body aircraft）系列，機體經過加寬的
機內設有 2 條通道。暱稱為「Triple Seven」。照片中的ANA飛機用
於國內線，設有405個座位。

**⑨ 波音
777-200ER**

對⑧的777-200進行油箱容量加大等改良，以提升單趟飛行距離的
型號。與777-200相比，可以多飛大約6000公里。

 波音 777-300

在777系列當中，波音777-300的機體最長，全長有73.9公尺。配有2個引擎，是全世界最大的雙發動機飛機。座位數也很多，照片中的ANA飛機（國內線）有514個座位。

 波音 777-300ER

比⑩的波音777-300單趟續航距離更長，可達1萬公里以上，屬於節能類型的大型客機。與空中巴士A380、波音787系列等同為各航空公司國際線的主力。

12 空中巴士
A320neo

將⑬的空中巴士A320的引擎改用最新產品，裝設名為「鯊鰭小翼」（sharklet）的大型翼尖小翼，以提高燃料效率的型號。「neo」（new engine option）是指裝設新引擎的意思。

13 空中巴士
A320ceo

相對於裝設了新型引擎的⑫「neo」，使用原引擎飛行的A320稱「ceo」（current engine option）。「電傳飛操系統」（fly-by-wire）以將操縱桿的動作轉為電子訊號傳遞，至今仍廣泛運用於國內線。

14 **空中巴士 A321neo**

與空中巴士A320neo一樣，將A321的引擎改用新型，並安裝鯊鰭小翼以大幅節省燃料的型號。日本首次引進的是ANA，將它用於許多國內線。

15 **空中巴士 A321ceo**

空中巴士A321是將A320的機體加長約7公尺的型號，座位數也增加為194個。與A320ceo一樣，相對於使用新型引擎的A321neo，該型號使用的是原引擎而名為ceo。

16	**波音** **737-700**	波音737的設計是在短跑道上也能輕鬆起降的小型客機系列。照片 中的737-700是以札幌市為據點往返北海道與東京等地的AIR DO飛 機，是與ANA共掛航班的合作夥伴。

17	**波音** **737-800**	是多數航空公司的主力飛機，JAL集團大約有60架在運行中。照片中 為日本越洋航空的「鯨鯊彩繪機」，以沖繩美麗海水族館的鯨鯊為概 念彩繪而成。

18 巴西航空工業
190

在巴西開發的小型噴射客機，以大阪伊丹機場為據點的J-AIR將它作為主力。座位有95個，往返伊丹與九州方向、北海道等地，航線相當豐富。

19 龐巴迪
CRJ700NG

CRJ是龐巴迪的小型噴射客機系列。在日本只有照片中的伊別克斯航空引進，整間公司的飛機都使用該機型。「NG」（next generation）的意思為新世代。

20 龐巴迪
DHC8-Q400

由加拿大的飛機製造商所開發，龐巴迪公司接手的螺旋槳飛機，暱稱為「Dash 8」。照片中為專營國內線的全日空之翼公司的飛機，是ANA集團唯一的螺旋槳飛機。

21 龐巴迪
DHC8-Q400CC

減少⑳的DHC8-Q400座位數並加大貨艙空間的型號。照片中為琉球空中通勤的機身，以那霸機場為據點往返沖繩與奄美諸島的離島。主要用於搬運生活物資到離島。

22 紳寶 340B

瑞典飛機製造商紳寶集團的螺旋槳飛機。由以札幌（丘珠機場）為據點的北海道空中系統（如照片）所引進，主要用於札幌～釧路以及札幌～函館的航線。

23 ATR 42-600

由法國和義大利的製造商聯合開發的螺旋槳飛機。照片中為日本首次引進的熊本縣天草航空的飛機。以悠游的海豚親子為概念的設計，以及繪於機體下方的熊本熊都很受歡迎。

24 多尼爾 228-200

由德國的飛機製造商多尼爾公司所開發的螺旋槳飛機。照片中為全世界最先投入定期航線的新中央航空的飛機。座位有19個，往返東京的調布飛行場與伊豆諸島。

| ② 25 | 星悅航空 | 以北九州市為據點的日本航空公司。照片中為空中巴士A320，為了讓座位更加寬敞，將數量從最多180個減為150個了。所有座椅仿皮機體統一為黑色。 |

| ② 26 | 天馬航空 | 以神戶市為據點的日本航空公司。所有航線都是使用⑰的波音737-800。如照片所示，機體的大型翼尖小翼上畫有撲克牌或櫻桃圖案等，因而廣受歡迎。 |

27 空之子航空

以宮崎市為據點的日本航空公司。照片中為⑰的波音737-800,特色是色彩繽紛的機體設計與寬敞的座位。裝有大型翼尖小翼,可以節省燃料。

28 富士夢幻航空

以靜岡機場為據點的日本航空公司。尾翼的設計是在旭日下閃閃發亮的富士山。照片中為巴西航空工業175,在巴西主要是為了短程地方航線所開發的小型客機。

| 29 | 樂桃航空 | 日本第一家廉價航空公司（LCC，廉航）。主要以大阪關西國際機場為據點，幾乎每天往返首爾、臺北、香港等地之間。2019年香草航空併入樂桃航空。使用的機型皆為空中巴士A320。 |

| 30 | 捷星航空 | 以成田國際機場為據點的日本航空體系下的廉航。除了往返成田、臺北、香港、上海、馬尼拉等地，也有從關西國際機場、中部國際機場飛往相同方向的航線。主要使用空中巴士A320。 |

31 日本亞洲航空　以中部國際機場為據點的日本廉價航空公司。有往返臺北的國際線，也有往返新千歲、仙台等地的國內線。使用的飛機皆為空中巴士A320。

32 春秋航空日本　中國的新興航空公司春秋航空也有出資所成立的日本廉航。以成田國際機場為據點，每週4次左右的頻率往返中國中部的武漢、重慶與天津等地。照片中為波音737-800。

33 　**大韓航空**　以首爾為據點的韓國最大航空公司。主要往返成田、羽田，也有與日本地方機場之間的航線。使用機型以波音777、747（如照片）、空中巴士A330為主，種類很豐富。

34 　**韓亞航空**　以首爾為據點的韓國第二大航空公司。每天有多個航班往返成田、羽田、關西、中部、福岡等地。主要使用空中巴士A380、A350等大型機，以及A330-300（如照片）、A320等機型。

35 中華航空 以臺北為據點的臺灣航空公司，簡稱「華航」。往返成田、關西等多個日本機場。主要使用機型為空中巴士A330-300、成田線的A350-900（如照片）等。

36 長榮航空 臺灣的航空公司。除了往返成田、羽田、關西之外，也有飛往日本的地方機場。長榮的英文名稱「EVA」源自於「evergreen（長青之意）」。照片中為主力機型空中巴士A321-200。

37 中國國際航空

以北京為據點，飛航超過180個國內外的城市，是中國最大的航空公司。它的英文名稱為「Air China」。在日本飛行的機型為空中巴士A330-300（如照片）等。繪於尾翼上的標誌是鳳凰。

38 中國東方航空

以上海為據點，飛航超過200個國內外的城市，是中國三大航空公司之一。主要往返成田、羽田、關西、中部，也有飛往福岡、新千歲、靜岡、那霸等多個日本地方機場。照片中為波音777-300。

39 中國南方航空

以南部廣州等地為據點的中國航空公司，飛航超過200個國內外的城市。往返成田、羽田、關西等地以及中國各地方城市之間，是它的航線特色之一。照片中為空中巴士A330-200。

40 國泰航空 以香港為據點的中國航空公司,很早以前就積極投入與亞洲各地之間的貿易。運輸量非常大,有時在日本線每週會超過130個航班。照片中為往返成田～香港之間的新型飛機空中巴士A350-900。

41 馬來西亞航空 以吉隆坡為據點的馬來西亞航空公司。有飛往成田及關西的航班,有時也會臨時調度空中巴士A380飛航。照片中為空中巴士A350-900。尾翼上的標誌是馬來西亞傳統風箏的設計。

| 42 | 菲律賓航空 | 以首都馬尼拉為據點的菲律賓航空公司，也是亞洲第一家航空公司。除了每天往返馬尼拉與成田、羽田、關西等地，也有直飛宿霧島的航班。照片中為常用於日本線的空中巴士A330-300。 |

| 43 | 新加坡航空 | 以新加坡為據點的大規模航空公司。是全球首家將空中巴士A380投入商業航運的公司。日本線除了照片中的波音777-300之外，也有使用最新型的787-10。 |

44 泰國國際航空

以首都曼谷為據點的泰國航空公司。每天往返曼谷與成田、羽田、關西、中部等地。擁有多種機型,像是照片中的空中巴士A350-900、A380,以及波音787、777系列等。

45 嘉魯達印尼航空

以首都雅加達為據點的印尼航空公司。每天往返登帕薩(峇里島)與成田、關西,以及雅加達與羽田、關西。照片中為用於關西線的空中巴士A330-300。

46 越南航空 ★ 以北部河內為據點的越南航空公司。往返河內及南部胡志明等地日本的主要機場。日本線使用的是照片中的空中巴士A350-900、音787-9等最新機型。

47 印度航空 以德里與孟買為據點的印度航空公司。日本線有成田～德里、西～孟買這2條航線。現在成田線與關西線主要使用的機型都是片中的波音787-8。

48 烏茲別克航空

以首都塔什干為據點的烏茲別克航空公司。以每週2次的頻率直飛成田～烏茲別克之間。照片中的波音767-300ER等是它的主力機型之一。

49 斯里蘭卡航空

以可倫坡為據點的斯里蘭卡航空公司。現在成田～可倫坡的航線以每週4天的頻率飛航。照片中為空中巴士A330-300。尾翼上多彩的圖案是斯里蘭卡常見的孔雀。

50 蒙古航空

以首都烏蘭巴托為據點的蒙古航空公司。現在每週有連續6天的時間往返成田～烏蘭巴托之間。所使用的機型為照片中的波音737-800。

阿聯酋航空

以杜拜為據點的阿拉伯聯合大公國航空公司。「Emirates」的意思是酋長國。每天都有從成田、羽田、關西飛往杜拜的航班。照片中為波音777-200LR。

52

卡達航空

以首都杜哈為據點的中東大規模航空公司。每天都有從成田及羽田飛往杜哈的航班。照片中為最新機型空中巴士A350-900,尾翼上的設計是阿拉伯大羚羊。

53 土耳其航空 以伊斯坦堡為據點的土耳其航空公司。每天往返成田～伊斯坦堡之間。照片中為使用的主要機型空中巴士A330-300。尾翼上的設計是候鳥灰雁。

54 澳洲航空 以雪梨為據點的澳洲航空公司。從日本的成田、羽田、關西飛往布里斯本、墨爾本、雪梨。照片中為空中巴士A330-300，尾翼上繪有袋鼠。

55 紐西蘭航空 以奧克蘭為據點的紐西蘭航空公司。每天都有從成田飛往奧克蘭的航班。照片中為波音787-9，在機體後半部到尾翼繪有蕨類的葉子和嫩芽。

56 大溪地航空 以南太平洋大溪地的巴比提為據點，專營國際線的航空公司。以每週 2 次的頻率往返成田～巴比提之間。照片中為空中巴士A340-300，與波音787-9在陸續汰換中。

57 夏威夷航空 🇺🇸 以夏威夷檀香山為據點的美國航空公司。除了每天都有從成田、羽田、關西飛往檀香山的航班之外，也有與日本地方機場之間的航線。照片中為空中巴士A330-200。

58 美國航空 🇺🇸 以南部達拉斯為據點的美國大規模航空公司，往返350個城市。每天都有從成田飛往達拉斯、芝加哥和洛杉磯等地的航班，也有從羽田飛往洛杉磯等地的航班。照片為波音777-200ER。

59 聯合航空 以東部芝加哥為據點的美國大規模航空公司。除了每天都有從成田飛往華盛頓D.C.、美國主要城市的航班之外，也有從成田、關西中部、福岡飛往關島的航班。

60 達美航空 以東部亞特蘭大為據點的美國大規模航空公司。除了每天都有從成田飛往亞特蘭大、底特律、西雅圖、檀香山等地的航班之外，也有亞洲航線。照片中為空中巴士A350-900。

61 加拿大航空 以東部蒙特婁為據點的加拿大航空公司。每天都有從成田飛往蒙特婁、溫哥華等地，以及從羽田飛往多倫多等地的航班。照片中為波音787-8，尾翼的標誌是加拿大的楓葉。

62 墨西哥
國際航空 以首都墨西哥城為據點的墨西哥航空公司。每天往返成田～墨西哥城之間，使用的機型為波音787-8（如照片）。尾翼上的設計是墨西哥古文明阿茲特克的戰士。

63 法國航空 以首都巴黎為據點的法國大型航空公司。日本線是在1952年開設，歷史悠久。現在每天往返成田、羽田、關西與巴黎。照片中為波音787-9。

64 德國漢莎航空 以法蘭克福為據點的德國航空公司。往返法蘭克福與羽田、關西、中部等地。照片中為空中巴士A350-900。尾翼的圖案將會依序更成新設計。

65 英國航空 🇬🇧 以首都倫敦為據點的英國航空公司，它的規模是歐洲最大。每天都有從成田、羽田飛往倫敦的航班。照片中為常用於羽田～倫敦線的波音777-300ER。

66 俄羅斯航空 以首都莫斯科為據點的俄羅斯航空公司。從成田經過莫斯科再飛往巴黎、倫敦、羅馬等地。日本線使用的是照片中的波音777-300ER。

67	荷蘭皇家 航空		以首都阿姆斯特丹為據點的荷蘭航空公司，擁有約100年的悠久歷史。每天都有從成田、關西飛往阿姆斯特丹的航班。照片中為常用於關西線的波音787-9。

68	義大利航空		以首都羅馬為據點的義大利航空公司。每天往返成田與羅馬、米蘭。只有這家航空公司擁有日本～義大利的直飛航班。照片中為米蘭線的空中巴士A330-200。

 69 瑞士國際航空 以蘇黎世、日内瓦為據點的瑞士航空公司。每天往返成田～蘇黎世之間，使用的是照片中的空中巴士A340-300。頭等艙、商務艙、經濟艙加起來有223個座位。

70 奧地利航空 以首都維也納為據點的奧地利航空公司。日本線曾經停飛，不過現在已經重新啓航，以每週5次的頻率往返成田～維也納之間，使用的機型為照片中的波音777-200ER。

71 伊比利航空

以首都馬德里為據點的西班牙航空公司。日本直飛線曾經停飛，不過現在已經重新啓航，有成田～馬德里的航線。照片中為用於成田線的空中巴士A330-200。

72 LOT 波蘭航空

以首都華沙為據點的波蘭航空公司。日本線是在2016年開設，每天往返成田與華沙。照片中為波音787-8。

73 芬蘭航空

以首都赫爾辛基為據點的芬蘭航空公司，簡稱芬航。成田線是在1983年開設，在當時幾乎沒有歐洲～亞洲的定期航班。照片中為用於成田線的最新型空中巴士A350-900。

74 北歐航空

由瑞典、挪威、丹麥三國合作
的航空公司,以瑞典首都斯德
哥爾摩等地為據點。照片中為
空中巴士A340-300,每天往返
成田與丹麥首都哥本哈根。

75 埃及航空

以首都開羅為據點的埃及航空
公司,是中東、近東、非洲地
區歷史最悠久的公司。照片中
的波音777-300ER以每週2次
的頻率直達成田~開羅。

76 衣索比亞航空

以首都阿迪斯阿貝巴為據點的
衣索比亞航空公司。雖然跟日
本沒有直飛航班,但是可以經
由韓國的仁川往返成田與阿迪
斯阿貝巴。照片中為用於成田
線的波音787-8。

77　波音 747-8F

波音787-8的專用貨機。照片中為日本貨物航空（NCA）的飛機。其中的「F」是貨機英文「freighter」的簡稱。待駕駛艙底下的前端部分（機頭門）向上開啓後，貨物便可以從該處進出。

78　波音 767-300F

波音767-300ER的專用貨機。照片中為世界最大規模的美國快遞公司優比速（UPS，United Parcel Service）使用的主力機種。

79　波音 777F

將波音777-200進行改造，提升了飛行距離的波音777-200LR的專用貨機。適合飛越大陸進行長距離貨物運輸。照片中為美國物流公司FedEx的777F。

80 波音
747-400LCF

[運]送波音787大型零組件的巨型[專]用貨機。將珍寶客機（Jumbo [J]et）的機身加長，改造成內[部]空間更加寬廣的結構，從機[身]後半部橫向開啓貨門來進出[貨]物。暱稱為「夢幻運輸機」[（]Dreamlifter）。

81 空中巴士
A300-600ST

[以]空中巴士A300-600R為基礎[改]造而成的專用貨機。為了運[送]尾翼等飛機大型零組件，設[有]巨大的貨艙。因為外觀和白[鯨]相似，暱稱叫「大白鯨」。

82 安托諾夫
An-124-100

[由]烏克蘭飛機製造商安托諾夫[公]司打造而成，全世界最大的[貨]物運輸機。暱稱為「魯斯蘭」[（]Ruslan）。透過上掀機體前部[來]進出貨物。

83 日本
政府專用機

日本政府所有，用於乘載高級官員等的飛機。由航空自衛隊負責管理與運用。舊型機波音747-400於2019年3月退役之後，現在使用的機型為照片中的波音777-300ER。

84 三菱SpaceJet
M90

由三菱飛機所開發的日本首款國產噴射客機。原名「MRJ」，2019年6月改成現在的名稱。以節省燃料的優越性能和舒適的空間著名。照片中為座位數有90個的M90。

85 HondaJet

由汽車製造商本田技研工業所開發的小型商務噴射機。最多可以乘載6名乘客。引擎裝設在主翼上方，藉此打造出更寬敞的艙內空間。

86 協和號

由英國和法國聯合開發的超音速客機。特色是機頭朝下彎曲，所以起降時能從駕駛艙看著前方。已於2003年退役。

87 YS-11

日本製造的雙引擎螺旋槳飛機。是日本戰後開發的第一款客機，生產超過180架，使用了40年以上，現在仍在使用中。

88 西斯納172

用途廣泛的小型螺旋槳飛機，用於空中導覽、高空攝影或訓練等等。該系列至今生產超過4萬5000架，是銷售成績最佳的飛機。

89 警視廳
大鳥7號

日本的警視廳航空隊的中型直升機。機型為美國的貝爾412，除了2名機組人員之外，最多可以乘載13人。全長約17公尺，旋翼（rotor）的直徑長達約14公尺。常用於消防或海上巡邏。

90 警視廳
大空2號

日本的警視廳航空隊的大型直升機。機型為美國的塞考斯基S-92A，除了2名機組人員之外，最多可以乘載20人。全長約17公尺，旋翼的直徑也長達約17公尺。

91 宮崎縣警察
日向號

日本的宮崎縣警察的直升機。利用位於駕駛座右下方的攝影器材，可以從上空拍攝影像，協助地面的救災、搜索活動。機型為歐直EC135。

92 東京消防廳
燕號

日本的東京消防廳的中型消防直升機。除了 2 名機組人員之外,最多可以乘載12人。能夠吊掛1.6噸重的貨物,常用於救災活動。機型為歐直(空中巴士)AS365N3。

93 東京消防廳
百合海鷗號

日本的東京消防廳的大型消防直升機,可以乘載23人。最高時速可達324公里。機型為歐直EC225LP,暱稱為「超級美洲獅」。

94 醫療直升機

配備緊急醫療設備的直升機。醫師和護理師會隨行,在運送病患前往醫院的過程中進行急救。照片中為鹿兒島常用的醫療直升機,機型為奧古斯塔偉士蘭AW109。

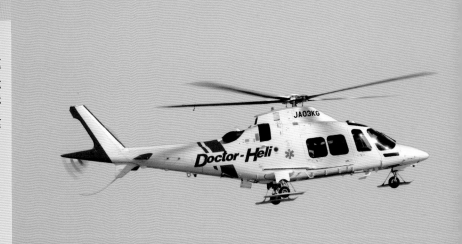

直升機

95 海上保安廳
濱千鳥號

日本的海上保安廳福岡航空基地的直升機，主要用於乘載重要人士、搜索以及各種救災活動等。機型為奧古斯塔偉士蘭AW139。

96 海上保安廳
熊鷹2號

日本的海上保安廳函館航空基地的直升機。機型為塞考斯基公司的最新型S-76D。特色是增加了滯空（在空中靜止）的性能，期待能在海難救助等方面大展身手。

97 商務直升機
BK117

由日本的川崎重工業與德國的飛機製造商聯合開發的直升機。擁有左右兩側的大扇滑門與後方雙開式的對門，不僅便於運送物資，也能在救災活動大大派上用場。

98 商務直升機
羅賓遜R44

由美國的羅賓遜直升機公司所
開發的小型直升機。是將嬌小
輕巧的熱門款R22進行改造，
把乘載客數從2人改為4人的
擴大版，以2片旋翼飛行。

直升機

 99 商務直升機
歐直AS350

用於空中視察、電視臺的拍
攝、農務作業，以及空中導覽
等，用途廣泛，是可乘載6人的
小型直升機。暱稱為「Écureuil」
（法文松鼠之意），很受歡迎。

 100 商務直升機
塞考斯基S-76

由美國塞考斯基公司所開發的
小型直升機。飛行時可將3組
輪子收進機內，以俐落的姿態
飛行。乘坐的感覺很舒適，也
用於乘載重要人士。

超級帥氣！
各國航空公司的標誌

除了在日本飛行的航空公司，這裡還收集了世界各國飛機尾翼上的標誌設計。
你認識幾個呢？一起來看看吧！

歐洲、非洲、西亞的航空公司

北歐航空
（瑞典、挪威、丹麥）

芬蘭航空
（芬蘭）

德國漢莎航空
（德國）

俄羅斯航空
（俄羅斯）

英國航空
（英國）

荷蘭皇家航空
（荷蘭）

瑞士國際航空
（瑞士）

奧地利航空
（奧地利）

法國航空
（法國）

義大利航空
（義大利）

土耳其航空
（土耳其）

烏茲別克航空
（烏茲別克）

埃及航空
（埃及）

衣索比亞航空
（衣索比亞）

阿聯酋航空
（阿拉伯聯合大公國）

卡達航空
（卡達）

日本與鄰國的航空公司

日本航空
（日本）

全日空
（日本）

AIR DO
（日本）

星悦航空
（日本）

天馬航空
（日本）

伊別克斯航空
（日本）

空之子航空
（日本）

富士夢幻航空
（日本）

樂桃航空
（日本）

捷星航空
（日本）

日本亞洲航空
（日本）

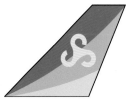

春秋航空日本
（日本）

蒙古航空
（蒙古）

中國國際航空
（中國）

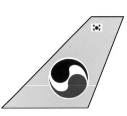

大韓航空
（韓國）

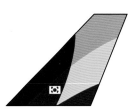

韓亞航空
（韓國）

印度航空
（印度）

斯里蘭卡航空
（斯里蘭卡）

國泰航空
（中國香港）

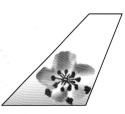

中華航空
（臺灣）

東南亞、大洋洲、北美的航空公司

菲律賓航空
（菲律賓）

馬來西亞航空
（馬來西亞）

加拿大航空
（加拿大）

達美航空
（美國）

越南航空
（越南）

泰國國際航空
（泰國）

美國航空
（美國）

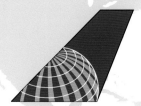

聯合航空
（美國）

新加坡航空
（新加坡）

嘉魯達印尼航空
（印尼）

夏威夷航空
（美國）

墨西哥國際航空
（墨西哥）

澳洲航空
（澳洲）

紐西蘭航空
（紐西蘭）

大溪地航空
（大溪地）